云落佳木

北京艺术博物馆

馆藏

传统家具

北京艺术博物馆

王田 著

北京燕山出版社

BEIJING YANSHAN PRESS

作 者 简 介

　　王田，男，2013 年毕业于北京联合大学历史学文博旅游专业。同年入职北京艺术博物馆，担任杂项组保管员，研究方向为古代家具和杂项类文物，现为博物馆馆员。先后发表《北京艺术博物馆藏明式家具》《一位晚清重臣的收藏实践：以馆藏端方藏品为例》等多篇研究文章。

目　录

目　录

民国家具

后 记

中国传统家具
发展概述

  中国家具历史源远流长。依据现有文献和实物证据来看，随着人们生活方式的改变，家具的形制也相应产生了诸多变化。商周到汉魏时期，人们习惯席地而坐，因而当时的家具多为低矮型家具。东汉时，游牧民族的胡床传入，受其影响，中原地区的坐具高度开始慢慢增加。虽然缺乏实物资料，但在敦煌壁画中可以看到北魏时期壁画上出现了腰鼓形圆凳。隋唐时期，出现椅凳类家具。在唐天宝十五年（756年）高元珪墓壁画中出现了造型明确为椅子的圆凳。在敦煌220窟及103窟的初、盛唐维摩变壁画中还出现了高案。可见高型家具在隋唐时期已经出现。宋代，随着家具品种越来越丰富，家具样式越来越多样。从众多宋墓出土家具实物和壁画来看，当时的许多家具样式、品种与之后的明式家具区别不大。早期的"席地而坐"不再是主流。到南宋时，中国家具的品种已经基本齐备，装饰方面已经有了束腰、马蹄足、云头足、莲花托等后世常见样式，结构部件方面也已经有了夹头榫、牙板、罗锅枨、矮老、托泥等。不过此阶段的家具实物传世数量极少。

  中国传统家具随着样式逐渐丰富，开始有了各种分类方式。按照用材可以分为漆家具、硬木家具、柴木家具和竹木家具等。本书收录的家具实物主要是北京艺术博物馆所藏明、清、民国时期的硬木家具精品，其材质多为黄花梨（降香黄檀）、紫檀等高级硬木。在高级硬木出现之前，漆家具一直是人们生活起居中的主流。明代前中期，漆家具的生产十分兴盛。直到明晚期，硬木家具才逐渐兴起。后因材美质坚、纹理美观等特点，黄花梨、紫檀等珍贵材质的硬木家具逐渐在权贵阶层流行，在一定范围内取代了漆家具，漆家具产量开始有所下降。虽然硬木家具在当时占比极小，但由于权贵和文士阶层的推崇，加上硬木优异的木性，其制作工艺和艺术水平较以往的漆家具有了极大提高。硬木家具较好地继承了漆家具的造型和风格，并在造型、工艺上有了里程碑式的创新，其艺术性和结构的科学性也有了极大提高，成为中国传统家具的典范。

明初，手工业者由元代的终身服役制改为"轮班"和"住坐"制。工匠在一定程度上有了劳动自由，制成的产品也允许在市场上销售。农业与工商业得到较大发展，城市经济更为繁荣。据《明史·食货志》记载，明宣德时全国设有钞关（税收机构）的大工商业城市，包括北京、南京在内共有三十三个之多。明中叶后，又有二三十个城镇上升到大城市行列，原来的大城市则变得更加繁荣。在这种时代背景下，家具作为人们日常生活的必需品，有了相应的发展。到明后期，由于商品经济的发展，货币交易日渐盛行，银两的价值越发高涨。工匠逐渐以逃亡的方式来反抗明初以来的"轮班"和"住坐"制，迫使统治者不得不逐步准许工匠以银代役。到嘉靖四十一年（1562 年），全国班匠已经一律实行缴银代役。这一改革，大幅解放了工匠的人身自由，提高了他们劳动生产的主动性和积极性。

明中后期，为缓解财政危机，隆庆初年（1567 年）开始开辟税源，开放"海禁"。周起元《东西洋考》序记载："……我穆庙时除贩夷之律，于是五方之贾，熙熙水国……其捆载珍奇，故异物不足珍，而所贸金钱，岁无虑数十万，公私并赖，其殆天子之南库也。"当时开放海禁，允许私人海外贸易，南洋各地名贵木材也随着海外贸易开始流入国内。不少硬木制成家具后又作为出口商品销往海外。

明代家具的设计制作融入了当时文人的审美情趣。这在明代文人著述中得以反映。高濂的《遵生八笺·起居安乐笺》列举了数件家具。文震亨的《长物志》记载得更加详细，有方桌、台几、椅子、杌、橱、床、箱等十多种，可以看作是江南文人对当时家具的种类、使用方法、鉴赏以及带有理论性的记录。历时戈汕的《蝶几谱》详细记述了十三具特殊形制的三角形几，摆放方式花样百出，类似大型的七巧板。可□当时开始有了组合家具的意识。

与文人不同，工匠开始总结家具制作工艺，比如增编《鲁班经》。早期版本的《鲁班营造□式》中只记录了木结构建筑造法。万历时期增编《鲁班经匠家镜》，书中增加了五十二则家具制作内容，并□上了图样。所谓的"匠家镜"，就是说它像工匠家的一面镜子，对制作家具起到"镜鉴"的作用。这一时期□具的需求量大幅增加，匠师和从业人员也随之增多，社会需求促使书籍中增补了相应的内容。

到清代初期，家具在风格上有了进一步变化，大致可以分为三种。第一种是完全按照明式□具的矩矱法度来制作，尺寸、结构、造型等都与明式家具一般无二。从顺治到康熙早期这一段时间内，制作□具的工匠还都是明末之人，其制作工艺与明末自然并无明显变化。第二种则是基本上按照明式家具做法，但□某些局部采用了不同于明式家具的工艺和装饰。第三种则是在造型与装饰上都与明式家具有明显的不同，学□界称之为清式家具。清式家具出现时间基本上在雍正、乾隆两朝，有些是造办处工匠为了迎合皇帝的个人审□情趣进行的创新，有些是由文人士大夫参与设计而创造的。据清人刘廷玑的《在园杂志》记载："近日所用□墨及瓷器、木器、漆器仍遵其旧式，而总不知出自刘伴阮者。"康熙年间供奉内廷，负责管理养心殿造办处□刘源在很多工艺制造上创新，其所创样式为后来者遵循继承。李渔的《笠翁偶集》中也提到许多关于家具制□的想法。他主张家具上必须多加抽屉，造立柜要多设隔板和抽屉。比如架格，明式架格基本上只有通长的分□隔板，多加隔板与抽屉后就接近清式的多宝格了。

到康熙、雍正、乾隆时期，随着经济繁荣，奢靡之风日益严重。清式家具刻意追求奇技淫□，制作上更不惜人工，制作风格显现繁缛复杂之态。清式家具，是时代审美变化的产物，它对新工艺的应用、□样式的别出心裁，都是明式家具中不曾见到的。近来人们多喜爱明式家具，而不喜清式家具，概因对其制作□格繁缛复杂的排斥。

清式家具的风格变化，与清代室内装修的变化也有着很大关系。雍正御纂的《圣祖仁皇帝□训格言》有这样一段记录："朕（康熙）从前曾往王大臣等花园游幸，观其盖造房屋率皆效法汉人，各样曲

折隔断，谓之套房。彼时亦以为巧，曾于一两处效法为之。久居即不如意，厥后不为矣。尔等俱各自有花
断不可做套房，但以宽广宏敞，居之适意为宜。"这段记录说明康熙时期王公权贵曾效法汉人建造房屋，突
一个巧字。雍正虽然把这条训诫记录了下来，但是并没有完全遵照执行。从圆明园的《陈设档》记录中可以
到，"宽广宏敞"的房屋很多，带有各种"曲折隔断"的房屋亦不少。室内的陈设，既要符合生活需求，也
兼顾美观。具体的陈设并没有固定公式，但其造型与周围环境必须协调。这些室内装修精巧的建筑对应的家
也必然要巧，才能做到和谐。在康熙晚期，就已经出现了制作精细的清式书架。雍正、乾隆时期雕工更细、
件更多，还出现硬木和漆结合的样式。由于套房的流行，很多清式家具都是根据房屋大小进行定制的，不再
定尺寸、样式。比如故宫养心殿西过道门内的穿衣镜，由于地方有限，所以只好设计成半出腿式的，省去另
半截，让镜子的背面靠墙。这样既节省了空间，又能让大臣觐见时用此镜整理仪容。像这种专门设计的家
单独摆放并不和谐好看，只有在特定环境中才能相得益彰。

　　　　在选材用料上，清式家具比以往更多使用紫檀、红木等，与建筑的采光变化有一定关
清代之前传统的建筑多采用直棂门窗，然后再糊上纸，这就造成室内光线比较暗，因而制作家具时色调明快
黄花梨等木材会被优先选用。清代时，欧洲的玻璃进入中国，房屋的窗户由之前的糊纸变为镶玻璃，室内的
线比之前就明亮了不少，使得紫檀这样的深色家具在室内独具韵味。由于黄花梨等木材使用较多，资源已然

。紫檀也多是明代采购的存货，已不易购入。嘉庆、道光之后，优质硬木越发稀缺。所以晚清的硬木家具多红木为主要材料。再加上内忧外患，手工业受到大环境的冲击，导致所做的家具不管数量还是质量都大不如。

清式家具的制作，主要在北京、苏州、广州三地。并因各自的特点而产生了"京作家""苏作家具""广作家具"。所谓京作家具，基本说的是清代宫廷造办处所制作的家具，造办处的工匠其实要来自苏州和广东。雍正到乾隆年间，负责养心殿造办处事务的有年希尧、海望等人。内务府档案记载："雍正二年八月初九日，员外郎海望画得花梨木书格样四张。"类似的记录还有很多。像年希尧、海望这些人，是管理能力和艺术造诣兼而有之的，他们在管理造办处时也会亲自参与设计。同时他们也会选拔部分地方上秀的木匠入造办处。在档案中记录了"雍正七年十月初三日，怡亲王府总管太监张瑞交来年希尧送来匠人折件，内开……细木匠余节公、余君万等二名。祖秉圭处送来……木匠霍五、小梁、罗胡子、陈斋公、林大等名"。年希尧多年在江西监督烧造瓷器，他所选的匠人基本是江南的能工巧匠。祖秉圭是粤海关监督，他送的基本是广州木匠。另有苏州织造海保"送来匠人折一件，内开……木匠方升、邓连芳等"，他所推荐的木是苏州的。这样来自以苏州、广州为主的全国的能工巧匠会聚京师，根据皇帝的审美、爱好制作家具。京作具融合了多种风格，用料介于广作和苏作之间，一件家具不会掺杂很多种木材。纹饰上很多都使用了宫廷收的古代青铜器、玉器上的纹饰，比如龙纹、饕餮纹等。

苏州一直是手工业发达的城市，早在明代的时候就已经形成了自己的风格。发展到清代后，社会风气影响，也开始追求纹饰。用料上比较节俭，经常用拼接手法。家具整体的尺寸体量小。大件家具多硬木做框架，面心则使用柴木髹漆。在装饰上多用镶嵌和彩绘，纹饰则多使用传统题材，很少使用西洋纹饰。

广州在海路贸易中的地位在清代前中期愈发重要。乾隆时期的"一口通商"政策直接让广垄断海上贸易几十年。岭南地区本就有不少优质木材，再加上海上贸易，境外的木料也先到达此处，使得广的木料相比另两地来说更为充足，所以广作家具讲求木性一致，极少掺杂使用。家具部件也多是一木连做，接不多。在造型上，广作家具在继承传统家具风格、款式的同时，也在吸收西方家具的特点，逐渐将其风格合，形成与时代相适应的新款家具。部分家具中西纹饰兼而有之，尽显华丽。在纹饰上的雕刻和刮磨，是广家具制作中最有特色的技艺。其雕刻娴熟、刀法浑圆、磨工精细。时常通体雕刻，却磨平了刀削斧砍的痕迹。刻风格受西方建筑雕刻影响，层次感明显。装饰上还喜欢用镶嵌技法，常见的镶嵌材料有石材、螺钿以及各工艺品。

清代晚期，列强的入侵、资本主义的掠夺和廉价商品的输入，再加上封建腐朽势力的搜
使得原本就脆弱的传统手工业被打击得七零八落。手工业与商业的发展受到严重阻碍，以京作、苏作、广作
具等为代表的明清硬木家具也逐步走向了衰落。

1912 年清帝退位，军阀开始混战。在这种大环境下，民国时期的家具成就远没有明式
具和清式家具那么辉煌。但其自身特点还是很明显的。最主要的变化体现在对传统家具的功能、造型、装饰
工艺的更新。在制作家具时，不再注重造型的简练和纹理的自然美，而将重点放在功能的合理与齐全上。广
采用组合式的家具形式。为了节约成本，尽量少用硬木材料，多用贴、衬、涂、包镶等手法。轻便的杂木家
在民间得到发展，很多制作硬木家具的工匠也加入制作，宫廷家具慢慢民间化，高级家具慢慢大众化。

同时，民国时期的家具在造型和工艺上明显融合了更多的欧洲家具风格。它把中国家具
传统工艺与西方家具有机地结合起来，通过精美的雕刻、变化的造型等提高家具的观赏性，并尽可能地增加
能性。室内家具陈设偏重于整体效果，设计家具时不再以横平竖直以及对称为标准，而是根据实际需要，把
能相近或者相关的组合为一体，减少家具所占的空间和用料。客厅中出现棋牌桌、沙发、陈列柜等新家具，
破了原来八仙桌搭配太师椅的固定布局。

民国时期家具的另一特点是大量使用玻璃和镜子。陈列柜、大衣柜上都会用玻璃来代替

的空格或者实木。频繁开启的酒柜、橱柜类家具上用的玻璃多会薄一些。梳妆台、大衣柜还有床头柜等家具大量安装镜子，有些会把边缘磨成坡口，增加装饰性。

家具是人们日常衣食住行中属于"住"的一项，和穿衣、饮食、交通一样，都体现着风俗化、民族特色等，是人类文明中重要的一部分。并且随着时代的发展，具有独特的时代性。家具本身虽是物的，但却蕴含着很多精神文化的内涵。中国传统古代家具凝聚着千万手工匠人的聪明智慧，是中华民族在长生活实践中聪明与智慧的结晶。本书结合北京艺术博物馆藏品，将自明代以来，一直到民国时期的几十件馆精美家具，以时间为线进行展示，以小见大，展现中国传统工艺之美。

明式家具

明式家具有广、狭二义。

广义的明式家具，指具有明式风格者。

狭义的明式家具则指明代至清代前期制作的

材美工良、造型优美的家具。

明代嘉靖、万历到清代康熙、雍正

这二百余年间，

不论从其制品的数量还是质量来看，

都是当之无愧的传统家具黄金时代。

明式家具之所以驰名中外在于它的工艺之精和"文人之美"。随着家具的需求不断增

，工匠在万历年间增编《鲁班经匠家镜》一书，记录了一套成熟的家具形制及造法。同时，文人在"治园

""藏古玩"的美学实践中也对家具的设计提出了自己的想法，如文震亨著《长物志》、戈汕撰《蝶几谱》、

圻父子编《三才图会》、李渔作《笠翁偶集》等。无论是工匠还是文人，都在家具设计与制作上进行了各自

探索，他们的认识对明式家具产生了相当大的影响。

明式家具的用料以花梨木为主，其次是紫檀木等优质硬木，并且在制作时强调家具形体的

条美，装饰洗练，不事雕琢，充分利用和展示优质木料的质地、色泽和纹理的自然美。

明式家具根据功能可分为五类，分别为椅凳类、桌案类、床榻类、柜架类和其他类。

黄花梨木
雕花卉纹圈椅

黄 花 梨 木 雕 花 卉 纹 圈 椅

清

此圈椅为黄花梨木制，扶手出头，椅圈为"三圈"，圆中带扁。其背板略带弧度，中间浮雕

长 6 2 c m

花，周围辅以卷草图案；扶手与鹅脖之间有光素的小托角牙；座面为藤编软屉，落樘镶嵌；座面和椅腿之间有

宽 4 8 c m

腰装饰，四足为马蹄足。牙条下共装八个刻有卷草纹的角牙，虽然在结构上与常见的壶门牙板一样都有承托重

高 1 0 4 . 5 c m

、增强整体牢固性的作用，但明显更注重装饰性。底部正前方的下端有踏脚枨，枨下用素牙条支撑，其余左右

北 京 艺 术 博 物 馆 藏

侧和后面用罗锅枨连接。此圈椅造型基本与明式家具中的标准器相同，只在角牙、底枨等细微处略有变化，应

清代初期制作的明式家具珍品。此圈椅材质珍贵，保存基本完好，有重要的历史价值和艺术价值。

云落佳木——北京艺术博物馆馆藏传统家具

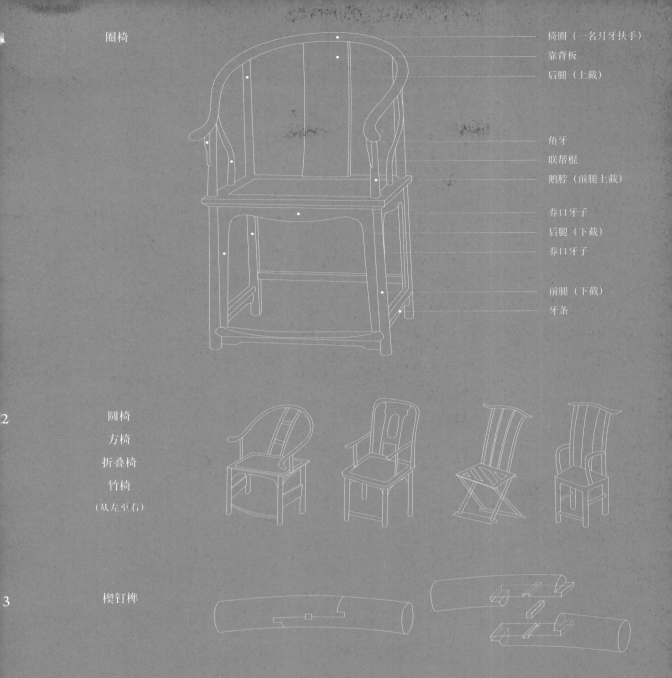

圈椅

椅圈（一名月牙扶手）
靠背板
后腿（上截）

角牙
联帮棍
鹅脖（前腿上截）

券口牙子
后腿（下截）
券口牙子

前腿（下截）
牙条

2

圆椅
方椅
折叠椅
竹椅

（从左至右）

3 楔钉榫

　　圈椅属于明式家具中最为常见的类别——座椅类，并且是最能体现明式家具实用性与科学性相统一的座椅之一。明式圈椅本源于交椅，其命名主要因靠背得来，宋代时被称为"栲栳样"，至明代《三才图会》中将其称作"圆椅"。圈椅的靠背与扶手相连，背板多作"S"形曲线，这种造型的优势是能让使用者在就座时肘部有支撑点且大臂能得到一定程度的放松。此外，圈椅的背板曲线贴合人体脊椎的弧度，在展现线条美的同时，也提高了人体的舒适度。

　　明式圈椅多用圆材，扶手一般出头，其圆形的扶手被鲁班馆匠师称为"椅圈"。圈椅的造法有三接和五接之分，匠师称前者为"三圈"，后者为"五圈"。三圈可以减少两处榫卯接合，但是需用较大、较长的木材制成，是比较考究的造法。接扶手所用的榫卯是极为巧妙的"楔钉榫"。

　　根据王世襄《明式家具研究》中的定义，"楔钉榫"是两片榫头合掌式的交搭，但两片榫头尽端又各有小舌，小舌入槽后便能紧贴在一起，使其不能上下移动。接着于搭口中部剔凿方孔，并穿入一枚方形断面、头粗尾细的楔钉，使两片榫头左右也不可移动。

明式家具·黄花梨木·藤面玫瑰椅

黄花梨木
藤面玫瑰椅

黄 花 梨 木 藤 面 玫 瑰 椅

清

长 5 9 . 2 c m

宽 4 5 c m

此玫瑰椅为黄花梨木制，在靠背和扶手内靠近座面的地方施圆形横枨，枨下加矮老。靠背

座 面 高 5 0 . 5 c m

用板条攒成曲边券口牙子，牙子向下延伸，与横枨相连。座面下方以罗锅枨加矮老进行支撑，在前面的管脚枨

通 高 8 6 c m

下方配以素牙条，这是玫瑰椅中最为常见的样式。四根管脚枨中，前面的一根最低，两侧的两根次之，后面的

北 京 艺 术 博 物 馆 藏

一根最高，是典型的"步步高"赶枨做法。此扶手椅为清代初期所制作的明式家具珍品。

云落佳木——北京艺术博物馆馆藏传统家具

玫瑰椅

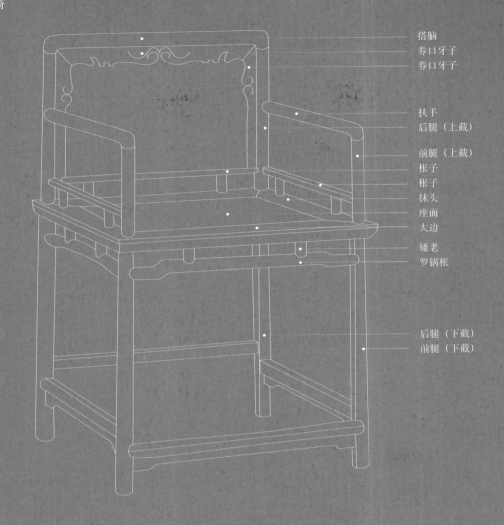

搭脑
券口牙子
券口牙子

扶手
后腿（上截）

前腿（上截）
枨子
枨子
抹头
座面
大边

矮老
罗锅枨

后腿（下截）
前腿（下截）

　　扶手椅是指既有靠背，又有扶手的椅子，常见的形式有"玫瑰椅"和"官帽椅"两种。玫瑰椅是椅子中较小的一种，用材单细，造型轻巧美观，多以黄花梨制成。江浙地区称扶手椅为"文椅"，指靠背和扶手都比较矮，且高度相差不大，并与椅盘垂直的一种椅子。明式家具中，玫瑰椅的传世数量相对较少，但从明清文献中可知，其广受文士阶层的欢迎，尤其是在江南文人的书房陈设中更为多见。缩小椅背与扶手高度差的做法，使其造型别具一格，靠窗摆放时椅背不至于高出窗台而造成视觉空间上的凌乱。当它与桌案类家具配套使用时，也不会因椅背高出桌案而显得突兀，避免了高椅背在整体空间陈设上难以协调的缺陷，使得座椅类家具能够与室内整体空间相融合。

　　椅凳、桌案、床榻等明式家具的造型结构，皆可分为无束腰式和有束腰式两种。无束腰是指家具的腿足与牙板直接与面板相接，腿足与牙条形成的立体空间是缩进面沿的，直接吸取了建筑上大木梁架的造法，家具的腿部与房屋立柱一样使用圆材。有束腰是在面板下装饰一道缩进面沿的线条，如同给家具加上一条腰带，故名"束腰"。束腰有两种，一种低束腰，一种高束腰。束腰源于唐代的壸门床造法，腿足与面板都通过束腰这个中间结构相连。综合来说，它们的作用都在于增加面板与腿足之间的过渡，从而提升装饰艺术的发挥空间，明式家具美学思想的深厚哲理也由此显现。因此，束腰在明式家具造型、装饰美学体系上占据着重要的地位。

云落佳木——北京艺术博物馆馆藏传统家具

黄花梨木
藤面长方凳

黄 花 梨 木 藤 面 长 方 凳

清

长 5 0 c m

宽 3 8 . 5 c m

此长方凳为黄花梨木制。有束腰，马蹄足，方材。束腰与牙子一木连做。罗锅枨与腿足并

高 5 2 c m

未采用经典的格肩榫，而是使用了"齐头碰"的方式结合。榫头穿透榫眼，断面木纹外露，为透榫。四足并非

北 京 艺 术 博 物 馆 藏

完全垂直，下端略向内兜转，弧线柔和悦目。基本样式为明式，但做法上已出现改动，反映了清代家具制作对

明式的继承与变化。

　　长方凳属于杌凳中的一种。"杌"字本指树木没有枝杈。以"杌"作为坐具的名字，主要是没有靠背的一类，区别于椅子。无束腰的杌凳，通常采用圆材。结构上吸取大木梁架的造法，四条腿足会有"侧脚"，即四足上端向内收敛，而下端向外撇出，北京的匠师称之为"挓"。正面有侧脚的称为"跑马挓"，侧面有侧脚的称为"骑马挓"，正、侧面都有侧脚的称为"四腿八挓"。有束腰的杌凳，使用方材较多，而且足多为马蹄足。

黄花梨木
罗锅枨条桌

黄 花 梨 木 罗 锅 枨 条 桌

清

长 1 0 0 . 8 c m

宽 5 2 . 5 c m

此条桌为黄花梨木制，整体光素，桌面下有束腰，桌腿之间施罗锅枨，四足为内翻马蹄足。

高 8 5 c m

属于明式家具中有束腰条桌的基本形式，材料珍贵，保存完好。

北 京 艺 术 博 物 馆 藏

条形桌案，具体可细分为条几、条桌、条案三种。家具名称里，凡带有"条"字的，其形

则必然又窄又长。大的条案往往摆在厅堂正中的北墙，小的一般会贴着墙壁、栏杆罩摆，或者顺着窗台摆放。

明式家具·黄花梨木·直枨加矮老方桌

黄花梨木
直枨加矮老方桌

黄 花 梨 木 直 枨 加 矮 老 方 桌

清

长 9 3 c m

宽 9 3 . 5 c m

高 8 3 c m

此方桌采用裹腿枨，腿子上端安两道，相距3寸（10厘米）左右。上面一道贴着桌面

北 京 艺 术 博 物 馆 藏

的边抹，起着垛边的作用。枨间施矮老两根，打槽装绦环板，每面装三块。绦环板中间开炮仗条式的鱼门洞，

令人空灵通透之感。

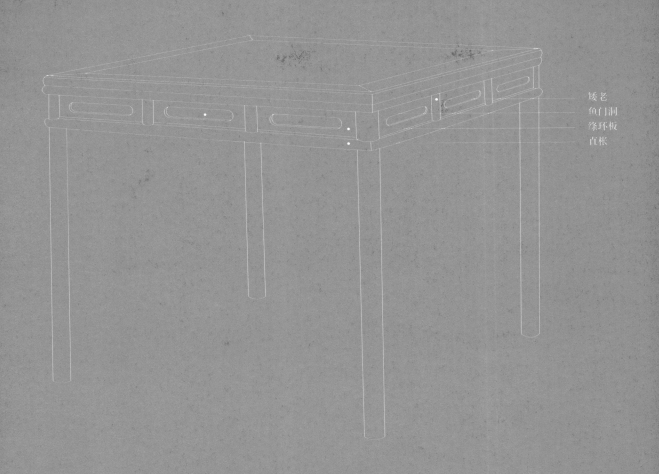

矮老
鱼门洞
绦环板
直枨

　　方桌一般有大、中、小三种尺寸。按照北京匠师的习惯，三尺见方的、能够容纳八个人围坐的方桌称为八仙桌；二尺六寸左右的叫六仙桌；而二尺四寸左右的则被称为四仙桌。方桌的用途很广，贴墙放置，靠窗放置，或者直接放在室内中间，然后配合几个杌凳、座墩使用。

明式家具 · 黄花梨木 · 双层亮格柜

黄花梨木
双层亮格柜

黄 花 梨 木 双 层 亮 格 柜

明

长 1 0 7 . 5 c m

宽 5 0 . 5 c m

此亮格柜为黄花梨木制。上部的亮格有两层，安有后背板，左右两侧以攒斗的手法做出十

高 1 8 6 . 5 c m

字连方纹装饰的栏杆；下部柜子为对开门，有闩杆；底枨下安素牙条。亮格变为两层后，需要的空间就会增加

北 京 艺 术 博 物 馆 藏

双层亮格柜的比例相对考究，柜的高度和亮格的高度之间要找平衡：亮格若矮，不便陈设；柜子若矮，不便储

物。双层亮格柜传世实物少于单层的，且材质珍贵，具有较高的文物价值。

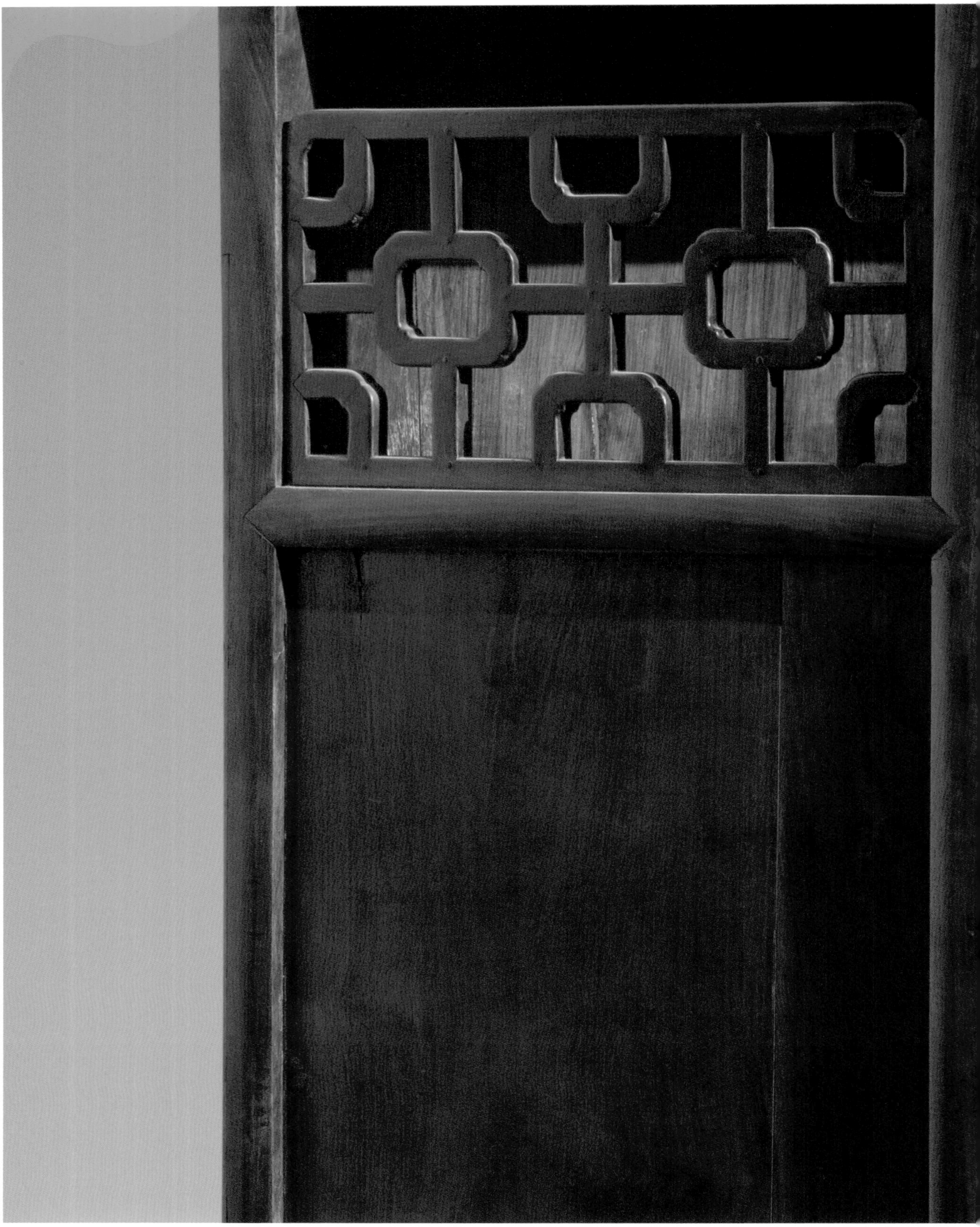

　　亮格柜是架格和柜子相结合的家具，常见的形式是架格在上，柜子在下。架格的高度一般
人肩，或稍高一些，中置器物，便于观赏。柜内贮存物品，重心在下，有利于稳定。北京匠师称上部开敞无
的部分为"亮格"，下部有门的部分曰"柜子"，合起来称为"亮格柜"，兼备陈放与收藏两种功能。

明式家具·黄花梨木·万历柜

黄花梨木
万历柜

黄 花 梨 木 万 历 柜

亮格柜中有一种比较固定的式样，其上为亮格一层，中为柜子，柜身无足，柜下另有一具

明

委几支撑。凡属此形式的，被北京匠师叫作"万历柜"或"万历格"，常放置于书房或客厅使用。标准的万历

长 8 7 c m

柜并不多见，更多的是这种变体。

宽 6 3 c m

此万历柜为黄花梨木制，在架格部分有后背板，其余三面装有壶门圈口牙板。架格的左右

高 1 9 4 c m

两侧以攒斗的手法做出万字纹，虽装饰简洁，却并不简陋。简单的装饰纹样与黄花梨特有的材质之美相得益彰

北 京 艺 术 博 物 馆 藏

透露出明式家具简练、厚拙的美感。下方柜子部分对开两门，柜门以镶嵌的素板来凸显材质之美。此柜整体上

装饰简练，底部方腿直足，两腿之间施以素牙条，恰到好处地衬托出大块黄花梨素板本身的纹理之美。

铁力木镶瘿木
五抹门圆角柜

铁 力 木 镶 瘿 木 五 抹 门 圆 角 柜

明

长 9 7 c m

此圆角柜为铁力木制。五抹柜门镶瘿木板心。造法是用板条格角制圈口，贴在瘿木板上，

宽 4 8 . 4 c m

和瘿木板一同装入柜门边抹的槽口内，使瘿木纹理从开光中露出来，凸显自然纹理之美。五抹将柜门分成四段。

高 1 8 8 c m

自上而下，第一段贴委角方形圈口，第二、四段贴委角扁方形圈口，第三段不贴圈口。柜子的主体为铁力木。

北 京 艺 术 博 物 馆 藏

造型上窄下宽，侧脚显著。两扇柜门之间设闩杆。柜膛正面安立柱两根，将立墙分成三段。此圆角柜用深色的

铁力木做底色，凸显瘿木的自然纹理之美，保存完整，具有较高的历史、艺术价值。

　　圆角柜因其柜顶转角为圆形而得名，柜顶前、左、右三面有小檐喷出，名曰"柜帽"；上面臼窝，只有造在喷出的柜帽上最为合适；柜帽的转角，多削去硬楞，成为柔和的圆角。又因圆角柜柜门为木门，门边上下两头伸出的门轴必须纳入臼窝才能旋转启闭，故圆角柜亦称"木轴门柜"。

明式家具·黄花梨木·圆角柜

黄花梨木
圆角柜

黄 花 梨 木 圆 角 柜

清

长 8 3 . 5 c m

宽 4 2 c m

高 1 7 4 c m

此圆角柜为黄花梨木制。柜门用整板对开，纹理匀称，采用合页固定，而非采用木轴的方

北 京 艺 术 博 物 馆 藏

法。采用"硬挤门"的形式，没有闩杆。无柜膛。底枨下安素牙条，右侧牙头缺失。整体造型上窄下宽，侧脚

显著。

花梨木六门
方角柜（一对）

花 梨 木 六 门 方 角 柜（一 对）

清

长 7 4 . 5 c m

宽 3 5 . 8 c m

高 1 0 6 c m

此方角柜成对，为花梨木制。柜分上下两层，上层为两组对开的小门；下层为两扇对开门，

北 京 艺 术 博 物 馆 藏

中间设闩杆；四腿直下，方足；底枨下装素牙条。整体造型规整，通体光素，样式简洁大方。

方角柜，四角见方，上下同大，腿足垂直无侧脚。上无顶箱的古称"一封书式"，因其外貌
装入函套的线装书。上有顶箱的叫"顶箱立柜"，多成对使用，每对柜子的立柜和顶箱各两个，共计四件，故
叫"四件柜"。方角柜的大小相去悬殊，大的高达三四米，置之高堂，或上与梁齐，小的可放在炕上使用，亦
"炕柜"。此柜为方角柜中体形较小的一类，属于"炕柜"。

以箱柜类为主的储物类家具，早在夏商时期就已经出现。《国语》曰："夏之衰也，褒人之
化为二龙……卜请其漦而藏之，吉。乃布币焉，而策告之。龙亡而漦在，椟而藏之"其中的"椟"便是储物用
具。汉代出现了小型柜用来存放衣被，到唐代开始有了大型柜。《杜阳杂编》中记载：唐武宗会昌初，渤海贡
马瑙柜，方三尺，深色如茜，所制工巧无比。用贮神仙之书，置之帐侧"。从这段史料中可以看出，唐代已经
现了专门存放书籍的书柜。宋代柜子的种类较之前代更是逐渐变多，而到了明代，随着生产力的提升以及社
生活的需要，以箱柜为主的储物类家具有了更大的发展。

清式家具

清代家具，早期仍沿袭明代风格。

自康熙解除海禁之后，

各式珍贵物料络绎输入，

紫檀、黄花梨等珍贵硬木材料也被大量用于家具制作。

雍正、乾隆以后，

用硬木制成的家具，渐成潮流，

受到宫廷与民间的重视与喜爱。

清代硬木家具吸取了前代漆家具在造型与装饰方面的长处，又发挥自身材坚质美的特点，

逐渐形成了造型厚重，装饰华丽，雕琢精细，豪华、大气的特点。自乾隆之后，清式家具风格逐渐确立，具有

显著的时代特征。而自嘉庆、道光以后，紫檀家具变得少见，多以红木、草花梨木家具代替。这一时期，内

外患，昔年工艺荟萃之地迭遭战火，珍贵物料输入亦受阻隔，故雕刻工艺和制作水平也都不及前期。

清式家具通过与建筑物的紧密配合，体现出传统思想与观念对日常生活的种种影响。无论

殿、行宫，还是厅堂、内室，以至于园庭水榭，家具的布局陈设虽然多无明文定法，但往往又有据可查。家具

的体量、装饰、材质、数目看似因地制宜，却自有讲究。入其堂奥，举目望之，或有尊卑之别，或有公私之

，或有主客之异，正所谓堂奥之内，耐人寻味。

清式家具·紫檀木·雕云龙纹四件柜

紫檀木
雕云龙纹四件柜

紫 檀 木 雕 云 龙 纹 四 件 柜

清

此四件柜为紫檀木制，是典型方角柜中四件柜样式。其上面较矮的一截叫"顶箱"，下面较

长 9 2 . 5 c m

高的一截叫"立柜"，合起来即"顶箱立柜"。因其通常成对出现，每对柜子顶箱、立柜各两件，共计四件，所以

宽 3 7 c m

称为"四件柜"。

高 1 8 5 c m

其顶柜和立柜均设对开门，柜门采用"硬挤门"，不设门闩。立柜四腿直下，方足，前面和

北 京 艺 术 博 物 馆 藏

两侧的底枨下装牙条。柜门和牙板浮雕云龙纹，所用的面叶、合页等金属饰件，颜色金黄，点缀在紫檀木上，相

得益彰。此柜代表了清代雍正到乾隆时期家具的制作水平，材质珍贵，保存完好，具有重要的历史、艺术价值。

云落佳木——北京艺术博物馆馆藏传统家具

酸枝木雕
八仙人物纹四件柜

酸 枝 木 雕 八 仙 人 物 纹 四 件 柜

清

长 9 4 c m

此四件柜为酸枝木制，整体由顶柜和立柜两部分组成，均设对开门。立柜部分下方做出膛

宽 4 5 c m

板，内设闷仓；面板为鸡翅木制，雕八仙人物纹图案，正面和两侧的底枨下装牙条；底部四腿直下，方足。

高 2 1 2 . 5 c m

橱柜类主要是收藏衣物、置放食品等物的家具。橱的体形与桌子相仿，但以前所用的闷仓

北 京 艺 术 博 物 馆 藏

多以门来代替。清式家具中的柜子，一般体形高大，可以存放大件的衣物和物品，对开门，柜内装隔板，有的还

会装有抽屉。

众多家具 · 紫檀木 · 雕云龙纹多宝格

紫檀木
雕云龙纹多宝格
（一对）

紫 檀 木 雕 云 龙 纹 多 宝 格 （ 一 对 ）

清

长 1 0 0 . 5 c m

宽 4 1 c m

此多宝格成对，为紫檀木制。上部高低错落隔出格层，中间做双抽屉，下部为柜格；边角

高 2 0 4 c m

上高出花牙的"望柱"，柱头圆雕一只小狮子；格层的花牙、抽屉面以及柜门均雕刻云龙戏珠纹。此多宝格色彩

北 京 艺 术 博 物 馆 藏

较为活泼，以铜镀金的饰件与紫檀相调和，避免了视觉上过于沉闷单调。该格是清中期之后流行的上格下柜形式

的多宝格，下部柜格四腿直下，方足。

云落佳木——北京艺术博物馆馆藏传统家具

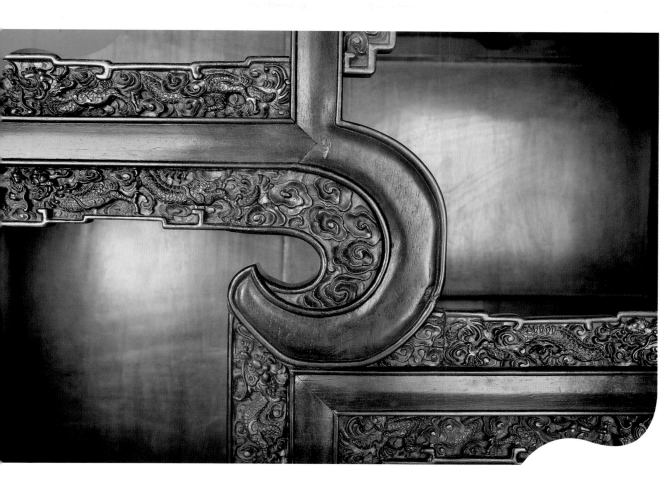

  多宝格是清式家具中很有代表性的一类，明末清初李渔所著《闲情偶寄》一书中，对于橱类提出"善制无他，止在多设搁板"和"至于抽替之设，非但必不可少，且自多多益善"。多设搁板以及多设匦这两种要求，使得多宝格这一形制的家具流行起来。其实在明式家具的柜架类中就有以立木为四足，取横□将空间分为几层，用来陈设、存放物品的，称为架格。不过架格每格或完全敞空，或安券口，或安栏杆，不□出现多宝格中用横、竖板将空间切割成若干高低不等空间的情况。

云落佳木——北京艺术博物馆馆藏传统家具

清式家具：酸枝木·雕云龙纹多宝格

酸枝木
雕云龙纹多宝格
（一对）

酸 枝 木 雕 云 龙 纹 多 宝 格 （ 一 对 ）

清

长 9 4 c m

宽 3 6 c m

高 1 9 4 c m

此多宝格成对，为酸枝木制。上部用立墙将空间分割为五格，每一格均有雕刻云纹的牙条；

北 京 艺 术 博 物 馆 藏

为侧三格横向排列；外侧的两格则为纵向。下部外侧为双开门，柜门上各雕有一大一小两条龙，为苍龙教子，寓

意望子成龙；内侧为上下排列的两个抽屉，抽屉面上雕饰云纹。最下面的牙板上亦雕云纹装饰。

云落佳木——北京艺术博物馆馆藏传统家具

紫檀木黑漆
描金多宝格

紫 檀 木 黑 漆 描 金 多 宝 格

清

长 9 6 c m

宽 4 0 . 5 c m

高 1 9 4 . 5 c m

此多宝格上部高低错落隔出格层，中间做出抽屉，下部为柜格。所有门板内外均用黑漆打底

北 京 艺 术 博 物 馆 藏

并在其上施以金彩，绘出山水纹和花鸟纹，抽屉和柜门的饰件使用了比一般铜饰件更为讲究的珐琅制品。整体装

饰华丽，做工精细，为清中期家具珍品。

云落佳木——北京艺术博物馆馆藏传统家具

云落佳木——北京艺术博物馆馆藏传统家具

酸枝木
四面平式联二橱

酸 枝 木 四 面 平 式 联 二 橱

清

此橱为柜橱形制，由酸枝木制，粽角榫结构，面下平设抽屉两具，前脸正中安圆形面叶拉手。

长 9 6 . 8 c m

屉下对开两门，中间装活插栓，通体光素，使用的铜活也是如此，整体用料粗硕。

宽 6 2 . 6 c m

橱柜是由明式家具中的闷户橱演变而来的，是一种集橱、柜、桌三者功能于一身的家具，

高 8 4 . 1 c m

般体型不大。闷户橱的橱面下设抽屉，抽屉下的封闭空间称为"闷仓"。而橱柜则是将抽屉下的空间重新设

北 京 艺 术 博 物 馆 藏

足端施四根落地枨，两帮和后背装板，正面安柜门。橱柜虽然在叫法上依旧是按照抽屉的数量称为"联二

""联三橱"，但已经和明式家具中的闷户橱有明显不同。

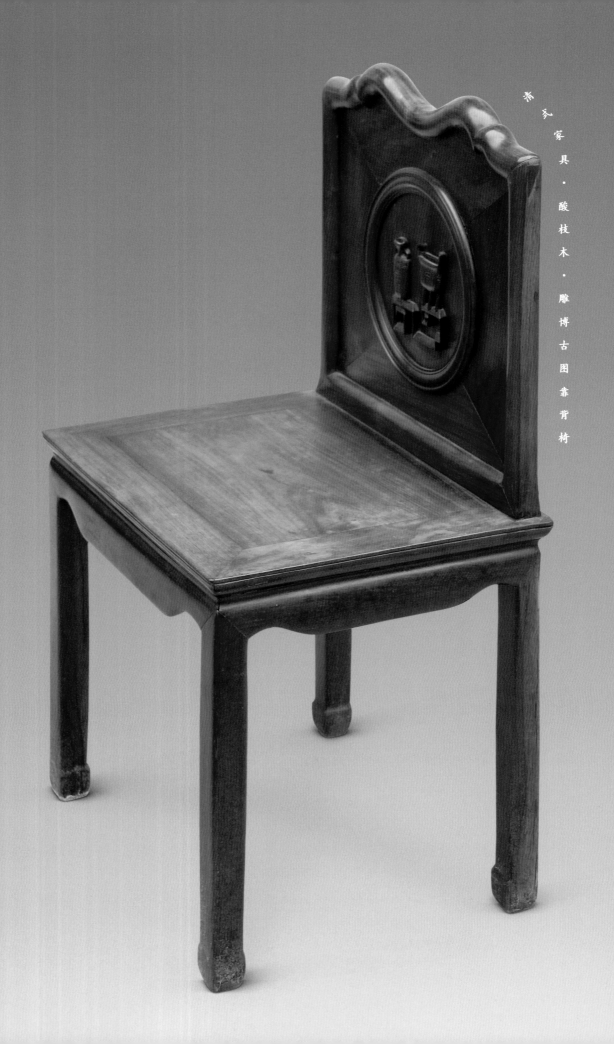

酸枝木
雕博古图靠背椅

酸 枝 木 雕 博 古 图 靠 背 椅

清

长 5 2 c m

此靠背椅为酸枝木制。椅背攒框镶板，正中圆形开光，雕博古图纹样，搭脑呈波浪式；面

宽 4 2 c m

下有束腰，直腿马蹄足。

高 9 8 . 5 c m

椅凳皆属于垂足坐具，它们与高足桌案等构成了明清家具的典型组合。就现存的明清家具而

北 京 艺 术 博 物 馆 藏

言，椅凳类是数量最多、品种最为丰富的一类。椅子这类坐具在宋元传统制作工艺的基础上不断创新，把精巧、

实用的传统美学思想与人体结构有机结合，形成了舒展大方的造型风格。

酸枝木
透雕博古图扶手椅

酸 枝 木 透 雕 博 古 图 扶 手 椅

清

长 6 5 c m

宽 5 1 c m

高 9 8 c m

北 京 艺 术 博 物 馆 藏

此扶手椅为酸枝木制，椅背搭脑波浪式。椅子的靠背板透雕博古图纹样，左侧为梅瓶，右侧为三足炉，中间透雕柿子。器盖和搭脑嵌螺钿修饰，瓶身和座面嵌大理石；两边的扶手攒拐子纹，椅盘下有束腰，牙条上浮雕如意纹；直腿内翻回纹马蹄足，四面平管脚枨。

清 式 家 具 · 鸡 翅 木 · 五 屏 式 扶 手 椅

酸枝木
五屏式扶手椅

酸 枝 木 五 屏 式 扶 手 椅

清

长 5 8 . 5 c m

宽 5 0 c m

高 7 4 . 5 c m

北 京 艺 术 博 物 馆 藏

此扶手椅为酸枝木制。靠背及扶手呈五扇屏风式，靠背三扇，两侧扶手各一扇；座面下施

弓锅枨加矮老；直腿，内翻马蹄足，四面平管脚枨。

紫檀木
雕云蝠纹方凳
（一对）

紫 檀 木 雕 云 蝠 纹 方 凳 （一 对）

清

长 5 6 c m

此方凳成对，为紫檀木制。凳面四周起框，落膛镶板；面下有束腰，其上每边有三个鱼门

宽 5 6 c m

同。方凳牙板上和透雕的罗锅枨上浮雕回纹和卷草纹，之间用蝙蝠形状的卡子花连接；四足做出向内兜转的花

高 5 3 c m

卉造型。

北 京 艺 术 博 物 馆 藏

凳子在明清两代种类、装饰手法及造型虽各有不同，但基本分为有束腰和无束腰两类。明

式凳子多朴实内敛，而清式凳子不但增加了装饰，在形式上也有新变化，比如用十字枨代替踏脚枨等。

清式家具．酸枝木嵌大理石面半圆桌

酸枝木嵌大理石面
半桌及配套兽足凳
（一对）

酸 枝 木 嵌 大 理 石 面 半 桌

此半桌及凳子均为酸枝木制。桌面呈荷叶状，边框上满雕花卉纹；框内镶浅粉色大理石；

清

束腰打洼，8个鱼门洞均匀分布；束腰下装有透雕牙板，中间鼓出，雕双狮绣球纹，两侧为松鼠葡萄纹；三弯

直 径 1 1 8 c m ， 高 8 1 . 5 c m

腿，上部雕刻狮面纹，中间雕花卉纹，下部为外撇的鱼龙纹；四根管脚枨满雕梅花纹，本身形状亦模仿梅枝

酸 枝 木 嵌 大 理 石 面 雕 梅 花 形 兽 足 凳 （ 一 对 ）

中间相交处向上凸起，以圆雕的手法雕刻一盛开的花卉。

清

配套的一对兽足凳，凳面为梅花形，嵌大理石，边缘施一圈乳钉纹。面下束腰。牙板上浮

直 径 4 4 c m ， 高 4 6 c m

雕葡萄纹。三弯腿，上部为狮面纹，中间雕花卉纹，下部为兽足。四根管脚枨相互交叉。

北 京 艺 术 博 物 馆 藏

整套家具中西结合，用材较大，雕工细腻，具有清晚期广作家具的风格。

　　酸枝木嵌大理石面半桌属于典型的桌形家具。桌形与案形家具存在明显区别，通常四腿在角，腿与面成直线、直角的称桌；面长条形且四腿缩进面下一些的则叫案。根据用途、高矮、宽窄、造型的同，"桌"分为炕桌、琴桌、画桌及方桌、半桌、圆桌、条桌等；"案"分为炕案、画案及条案、平头案、翘案等。桌、案的基本形式有其规律：无束腰多用直腿，有束腰则多用马蹄足。

云落佳木——北京艺术博物馆馆藏传统家具

花梨木嵌大理石面
夔龙纹圆桌

花 梨 木 嵌 大 理 石 面 夔 龙 纹 圆 桌

清

直 径 1 0 4 . 5 c m

高 8 4 . 5 c m

北 京 艺 术 博 物 馆 藏

此圆桌为花梨木制。桌面边框用弧形木材榫接而成，内嵌大理石。面下束腰，束腰上嵌入

一二块木条装饰。六足，三弯腿。牙腿相交，采用插肩榫。牙板浮雕草龙纹。下接灵芝纹花板。足端球状，雕

卷云纹。

云落佳木——北京艺术博物馆馆藏传统家具

清式家具·榉木·雕如意纹方桌

酸枝木
雕如意纹方桌

酸 枝 木 雕 如 意 纹 方 桌

清

长 8 2 . 5 c m

宽 8 2 c m

高 8 6 c m

北 京 艺 术 博 物 馆 藏

此方桌为酸枝木制。面下束腰，牙条下另安透雕如意纹的花牙。四腿和牙条的内口起线

直腿，回纹马蹄足。

浙式家具·酸枝木·嵌瓷面六方小桌

酸枝木嵌瓷面
六方小桌

酸 枝 木 嵌 瓷 面 六 方 小 桌

清

直 径 ７ １ ｃ ｍ

高 ６ ４ ｃ ｍ

北 京 艺 术 博 物 馆 藏

此桌为酸枝木制。面心镶瓷板，其上绘制了由竹竿搭的架子，架子上藤蔓蜿蜒缠绕，开着

紫色的小花，结出了豆荚。另画有蝈蝈、蝉、蚂蚱、蝴蝶数只，充满了生活情趣。面下束腰，鼓腿膨牙。六条

腿以插肩榫的形式与牙条接合，足下带托泥。

清式家具 · 花梨木 · 嵌螺钿书桌

花梨木
嵌螺钿书桌

花 梨 木 嵌 螺 钿 书 桌

清

长 1 8 0 . 5 c m

宽 1 0 2 c m

高 8 8 . 5 c m

北 京 艺 术 博 物 馆 藏

此桌为花梨木制。由台面和两侧的下几组成。台面呈四面平式，平镶三块大理石，中间用

木条挡隔开。台面平装四个抽屉，中心起鼓，装拉手。桌子正面用螺钿嵌出花卉纹和仕女图案。

清 式 家 具 · 花 梨 木 · 雕 云 龙 纹 书 桌

花梨木雕
云龙纹书桌

花 梨 木 雕 云 龙 纹 书 桌

清

长 1 8 0 . 5 c m

宽 1 0 2 c m

高 8 8 . 5 c m

北 京 艺 术 博 物 馆 藏

此书桌为花梨木制，可供两人对坐使用。桌面镶嵌大理石；前后两面均平装四个抽屉，中心起鼓，装拉手。书桌周身满雕云龙纹，配套的脚踏施罗锅枨，同样满雕云龙纹。

清式家具·花梨木·拐子纹卷头案

花梨木
拐子纹卷头案

花 梨 木 拐 子 纹 卷 头 案

清

长 1 5 8 c m

宽 4 0 c m

高 8 4 . 5 c m

北 京 艺 术 博 物 馆 藏

此卷头案为花梨木制。案面两端下卷，尽端雕灵芝与案腿相交。案面正中下部镶牙条，透

雕拐子纹。两侧腿之间安装横枨，镶洼膛肚圈口。此种纹饰及造型为清晚期风格，同类器物存世较多。

云落佳木——北京艺术博物馆馆藏传统家具

酸枝木
雕三多纹条案

酸 枝 木 雕 三 多 纹 条 案

清

长 1 6 0 c m

此条案为酸枝木制。边抹攒框，面板平镶，无束腰。案面侧边浮雕桃枝、桃叶纹。牙条透

宽 4 3 . 5 c m

雕桃纹、石榴纹和佛手纹。四腿雕成桃枝状，落在仿山石纹的托泥之上。前后两腿之间装透雕桃纹的挡板。清

高 8 5 c m

式吉祥纹样极为普遍，其图必有意，其意必吉祥。石榴纹以石榴籽多，寓意子孙后代多。佛手纹则通过"佛"

北 京 艺 术 博 物 馆 藏

皆音"福"，寓意福气多。桃纹则通过寿桃的形象，寓意长寿。三者出现在一件器物之上，称为三多纹饰，寓

意多子多福多寿。

花梨木
镂雕花卉纹条案

花 梨 木 镂 雕 花 卉 纹 条 案

清

长 2 1 9 . 4 c m

宽 4 5 . 6 c m

高 9 4 . 3 c m

北 京 艺 术 博 物 馆 藏

此案为花梨木制。案面攒边打槽装板，边沿为万字纹锦地和寿纹。牙条为透雕的拐子纹和

缠枝花卉纹。腿足上部刻寿字纹，其下为菱形花卉纹锦地和八宝纹。腿间施管脚枨，装圈口。

苏式家具·酸枝木·矮雕花卉纹炕桌

酸枝木
镂雕花卉纹炕桌

酸 枝 木 镂 雕 花 卉 纹 炕 桌

清

此炕桌为酸枝木制。桌面攒框，平镶面板。面下束腰。四腿向外鼓，牙条向外膨出，腿足

长 90.54cm

下段开始又向内兜转，即鼓腿膨牙。牙条下镶嵌透雕花板，两侧为拐子纹。足端的马蹄，并不像明式家具那样

宽 45.5cm

向内兜转，反而蜕变成近乎方形，加上了回纹进行装饰。

高 39cm

炕桌是矮形桌案的一种，其宽度一般超过长度的一半。多用于床上或炕上，侧端贴近床沿

北京艺术博物馆藏

或炕沿，居中摆放，两旁坐人。炕几也属于矮形桌案，但在宽度上要比炕桌窄得多。所以炕几通常顺着墙壁放

在炕的两头，北方常将叠好的被子放在炕几上。

清式家具·花梨木·四面平式炕桌

花梨木
四面平式炕桌

花 梨 木 四 面 平 式 炕 桌

清

长 7 8 . 6 c m

宽 5 0 . 1 c m

高 2 9 . 8 c m

北 京 艺 术 博 物 馆 藏

此桌为花梨木制。四面平式，棕角榫结构。腿间施横枨，面下起鼓装板。横枨下施素牙条。

四腿直下，马蹄足。

酸枝木
四面平式炕几

酸 枝 木 四 面 平 式 炕 几

清

长 1 5 6 . 5 c m

宽 3 6 c m

高 3 6 . 5 c m

北 京 艺 术 博 物 馆 藏

此炕几为酸枝木制。整体四面平式，几面的边抹用棕角榫与腿子相交。无束腰。几面下平

装抽屉，两边的抽屉中心起鼓，装拉手。抽屉下施素牙条。方材直腿，回纹马蹄足。

清式家具·酸枝木·雕云龙纹画桌

酸枝木
雕云龙纹画桌

酸 枝 木 雕 云 龙 纹 画 桌

清

长 1 6 5 . 5 c m

宽 7 2 c m

高 8 5 . 5 c m

此画桌为酸枝木制。桌面攒框开槽，平镶面心，面下束腰。除桌面外，通体浮雕云龙纹。

北 京 艺 术 博 物 馆 藏

画桌和画案为了纸卷舒展，挥毫方便，宽度一般都在二尺半（约83厘米）以上。宽度不

足的，只能归为条桌和条案。人作画时，往往要起立，所以桌面以下越空越好，通常不会设抽屉。

清式家具·酸枝木·镂雕云龙纹画桌

酸枝木
镂雕云龙纹画桌

酸 枝 木 镂 雕 云 龙 纹 画 桌

清

长 1 7 2 . 5 c m

宽 8 7 c m

高 8 7 . 5 c m

北 京 艺 术 博 物 馆 藏

此画桌为酸枝木制，用材较大，雕工细腻。桌面攒框开槽，平镶面心；桌沿四面浮雕云龙

纹。此桌有束腰，其上布满云蝠纹；束腰下牙条透雕二龙戏珠纹；鼓腿膨牙，四腿满雕云龙纹。

云落佳木——北京艺术博物馆馆藏传统家具

清式家具·花梨木·雕夔龙纹罗锅枨画桌

花梨木雕夔龙纹
罗锅枨画桌

花 梨 木 雕 夔 龙 纹 罗 锅 枨 画 桌

清

长 1 8 8 . 5 c m

宽 8 2 . 5 c m

高 8 7 . 5 c m

北 京 艺 术 博 物 馆 藏

此画桌为花梨木制。桌面边沿施莲瓣纹，冰盘沿。其下束腰，浮雕炮仗条，下衬托腮。腿

间施罗锅枨。牙条、腿足和罗锅枨上均雕夔龙纹。

清式家具·酸枝木·矮雕拐子纹花几

酸枝木镂雕
拐子纹花几（一对）

酸 枝 木 镂 雕 拐 子 纹 花 几 （一 对）

清

此花几成对，酸枝木制。花几呈正方形，有束腰。几面嵌大理石，冰盘沿。束腰起多条阳

长 40.9cm

为饰。牙条为对称的镂雕拐子纹。腿间施罗锅枨。

宽 41cm

花几与香几形制相似，多成对使用，后者为供奉或祈祷时放置香炉使用，前者陈设花瓶或

高 126.3cm

盆。明代高濂的《遵生八笺·燕闲清赏笺》中有关于香几的详细描述："书室中香几之制有二，高者二尺八寸，

北 京 艺 术 博 物 馆 藏

面或大理石、岐阳玛瑙等石，或以豆柏楠镶心，或四入角、或方、或梅花、或葵花、或慈菰、或圆为式，或漆

水磨诸木成造者，用以搁蒲石，或单玩美石，或置香橼盘，或置花尊以插多花，或单置一炉焚香，此高几也。"

清式家具·酸枝木·镂雕松鼠葡萄纹花几

酸枝木镂雕
松鼠葡萄纹花几（一对）

酸 枝 木 镂 雕 松 鼠 葡 萄 纹 花 几 （一 对）

清

长 3 3 c m

宽 3 3 c m

高 1 2 5 . 1 c m

此花几成对，为酸枝木制。几面沿边缘起阳线，即拦水线。边抹的线脚上舒下敛，为冰盘

沿。其下打洼束腰。直腿下部施罗锅枨。牙条下安装透雕松鼠葡萄花牙。在藤蔓之间，左右各有一只松鼠抱住

戚熟的葡萄准备大快朵颐。葡萄藤蔓绵长，寓意着家族延续。一串串的葡萄和松鼠，则寓意着多子多福。

紫檀木
带托泥香几

云落佳木——北京艺术博物馆馆藏传统家具

紫 檀 木 带 托 泥 香 几

清

长 4 1 c m

宽 4 1 c m

高 8 1 c m

北 京 艺 术 博 物 馆 藏

此香几为紫檀木制，制作精细，用料讲究。几面呈正方形，侧沿雕莲瓣纹；束腰上以小孔

将空间分为三段，中间施鱼门洞；托腮上亦装饰莲瓣纹；牙条施云纹。四腿直下，回纹马蹄足，下承托泥。

酸枝木嵌大理石面
镂雕灵芝纹方几

酸 枝 木 嵌 大 理 石 面 镂 雕 灵 芝 纹 方 几

清

长 4 9 . 7 c m

宽 5 0 c m

高 7 7 . 5 c m

此方几为酸枝木制。几面嵌大理石，冰盘沿。面下束腰。牙条上雕简化的草龙纹。牙条下

北 京 艺 术 博 物 馆 藏

装透雕的灵芝纹花牙。其腿部为展腿式，足部雕兽首为饰。足间施四面平底枨，镶镂空雕田字形如意海棠纹

圈板。

苏式家具 · 酸枝木 · 三弯腿带托泥香几

酸枝木三弯腿
带托泥香几

酸 枝 木 三 弯 腿 带 托 泥 香 几

清

直 径 4 3 . 5 c m

高 7 7 . 5 c m

此香几为酸枝木制，整体造型俊俏优美，做工精细。几面用五段弧形木边攒成圆框，打槽
北 京 艺 术 博 物 馆 藏

面板心；面下光素束腰，与牙子相接；牙子与腿用插肩榫造法，斗成鼓腿膨牙；腿在肩部以上还向上延伸，

因为外面有束腰的遮盖，所以从外部看不出来；顶端出榫，插于榫眼之中；三弯腿自膨牙以下向内收敛后，又

向外翻出，足下坐一圆球，圆球下出榫头，与自带小足的圆托泥接合在一起。

清式家具·酸枝木·嵌大理石面葫芦纹茶几

酸枝木嵌大理石面
葫芦纹茶几

酸 枝 木 嵌 大 理 石 面 葫 芦 纹 茶 几

清

长 4 0 . 8 c m

宽 3 1 c m

高 8 4 . 7 c m

北 京 艺 术 博 物 馆 藏

此几为酸枝木制。整体呈长方形，棕角榫结构，四面方正平直。几面与腿里口起线，面下

装葫芦纹牙条。腿间装四面平式横枨，当中镶屉板，下有素牙条。四腿直下，回纹马蹄足。

清式家具·酸枝木·嵌螺钿镂雕如意纹茶几

酸枝木嵌螺钿镂雕
如意纹茶几

酸 枝 木 嵌 螺 钿 镂 雕 如 意 纹 茶 几

清

长 4 0 . 5 c m

宽 3 0 c m

高 7 9 . 5 c m

北 京 艺 术 博 物 馆 藏

此几为酸枝木制，呈长方形，棕角榫结构。几面与腿里口起线，面下透雕如意纹花牙，透

雕花纹和几面均嵌螺钿装饰。四腿中部施横枨，当中镶屉板，回纹马蹄足。

清式家具·紫檀木·雕海水江崖嵌铜鎏金龙纹四折围屏

紫檀木雕海水江崖
嵌铜鎏金龙纹四折围屏

紫 檀 木 雕 海 水 江 崖 嵌 铜 鎏 金 龙 纹 四 折 围 屏

清

通 长 1 6 0 c m

厚 4 c m

高 1 6 2 c m

北 京 艺 术 博 物 馆 藏

此围屏为紫檀木制。由四扇组成，素框，边缘起线。框内镶嵌浮雕海水江崖纹，铜鎏金的

之穿梭其中，每扇均有一大一小两条。海水刻画细腻，金龙生动形象。下边的牙板上透雕龙纹，足端嵌黄铜套内。

　　围屏和座屏是屏风的两大种类，系挡风和遮蔽视线的家具，同时还能起到分割空间的作用。围屏由多扇组成，可以折叠或向前兜转，比较轻便。因为围屏没有底座，所以摆放时需要摆成曲尺形，中部几扇还可摆成直线，两端要兜转得多一些，形成围抱之势，围屏之名由此而来。此外，围屏的屏扇多为偶数，从四扇到十二扇不等。

　　座屏则由底座和屏扇组成，有的屏与底座相连，有的并不相连，而是可装可拆的。所以有"座屏风"和"插屏式座屏风"的区别。座屏以三扇或五扇最为常见，多摆在宫廷殿阁、官署厅堂的正中，位置固定，可视为建筑的一部分。明代就有在屏风上绘画、写字的，称其为书画屏风。清代屏风发展至鼎盛，制作工艺高超，有彩漆描金、雕漆、百宝嵌等，皆装饰吉祥图案。

紫檀木雕花鸟纹
插屏背板

紫 檀 木 雕 花 鸟 纹 插 屏 背 板

清

长 1 4 9 c m

厚 3 . 2 c m

高 2 3 1 c m

北 京 艺 术 博 物 馆 藏

此板为紫檀木制。其上浮雕山石与花卉纹。一对孔雀雕得栩栩如生，雄性站于高处，神采

奕奕，尾部的羽毛细腻生动，雌性刻于低处，抬首仰望。

清式家具·紫檀木·透雕「福庆有余」插屏

酸枝木
透雕"福庆有余"插屏

酸 枝 木 透 雕 " 福 庆 有 余 " 插 屏

清

长 ４ ６ ｃ ｍ

宽 ２ ２ ｃ ｍ

此插屏为酸枝木制。两立柱顶部雕刻石榴纹，寓意"多子"，分别落在墩座上，立柱内侧打

通 高 ７ ３ ｃ ｍ

装镜屏，两侧以站牙抵夹。站牙透雕卷草纹，比较纤细，与墩座相连的地方各装一可转动的圆珠，装饰性极强。

座 高 ３ ７ ｃ ｍ

立柱间装两根横枨，枨间装绦环板。绦环板两侧透雕葫芦纹，中间上部雕出一只圆润的蝙蝠，中部雕出磬，磬

北 京 艺 术 博 物 馆 藏

下部左右各雕一条鱼，整体通过谐音来寓意"福庆有余"。

云落佳木——北京艺术博物馆馆藏传统家具

清式家具·硬木·嵌钧瓷片挂屏

硬木嵌钧瓷片
挂屏（一对）

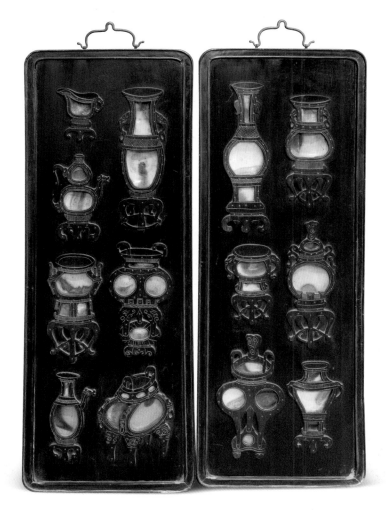

硬 木 嵌 钧 瓷 片 挂 屏 （ 一 对 ）

清

长 4 0 c m

厚 4 c m

高 1 0 9 c m

此挂屏用硬木做出边框，屏心先仿照青铜器雕刻出匜、鼎、簋、壶等不同形状，然后在器

北 京 艺 术 博 物 馆 藏

的颈部、腹部等位置嵌入瓷片进行装饰，器物下面还雕出配套的器座。整对挂屏类似于博古图，体现着古人

清雅好古的意趣。

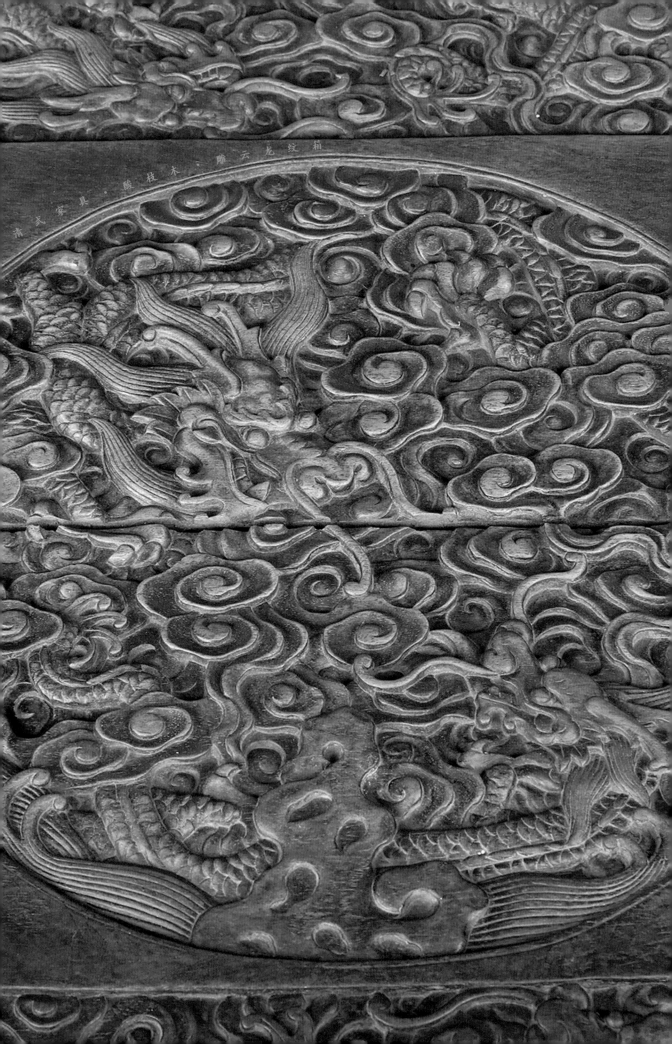
素式家具·酸枝木雕云龙纹箱

酸枝木
雕云龙纹箱（一对）

酸 枝 木 雕 云 龙 纹 箱 （一 对）

清

长 1 0 7 . 5 c m

宽 6 1 . 5 c m

此箱成对，为酸枝木制。箱子平顶，顶部雕云龙纹，箱体雕双龙戏珠纹。正面圆形面叶，

高 4 8 . 6 c m

子为云头形，两侧面安提环。

北 京 艺 术 博 物 馆 藏

箱子的用途比较广泛，既可以存放衣服、书籍，还可置放宝物，旅行时也可存放食品。古代

服长者居多，箱子多以长方形为宜。

清 式 家 具 · 紫 檀 木 · 嵌 铜 角 长 方 提 盒

紫檀木嵌铜角
长方提盒

紫 檀 木 嵌 铜 角 长 方 提 盒

此提盒为紫檀木制。用长方框造成底座，两侧端竖立柱，上安横梁，构件相交处均镶嵌铜

清

加固。盒为三撞，连同盒盖共四层。下层盒底落在底座槽内。盒盖两侧立墙正中打孔，立柱与此孔相对应的位

长 3 5 . 7 c m

也打孔，用铜条贯穿，这样盒盖便被固定在两根立柱之间。整体看，下层盒底嵌进底座，每一层均有子口衔扣

宽 1 7 . 8 c m

部的盒盖再用铜条贯穿，提盒各层就不会脱散了。

高 2 6 . 4 c m

提盒是清代民间比较常用的一种盛物用具，泛指分层而有提梁的长方形箱盒。从文献记载

北 京 艺 术 博 物 馆 藏

看，宋代就已经流行。平时主要为人们运送食物之用，亦可装些杂物。形状与扛箱类似，但形制上要小很多。

式提盒制作多较为考究，用料多为紫檀、红木。

清 式 家 具 · 紫 檀 木 · 雕 云 龙 纹 带 底 座 画 盒

紫檀木雕云龙纹
带底座画盒（一对）

紫檀木雕云龙纹带底座画盒（一对）

清

长 1 4 4 c m

宽 2 1 c m

高 2 3 c m

北京艺术博物馆藏

此画盒成对，为紫檀木制，由底托、光素内盒以及有纹饰的外盒构成，用料珍贵，雕刻用心

外盒盖三面皆浮雕双龙戏珠纹，两侧为云龙纹。

民国家具

民国家具是

传统家具向现代家具过渡的见证。

在民国家具上既能看到传统家具的要素，

同时又能看到外来文化的影响。

正是这种融合的状态

使其拥有着独特的价值。

民国家具在继承传统的同时，还吸收西洋艺术的元素，从而获得新的发展。随着京作家具、苏作家具、广作家具的式微，其他地区的家具逐步兴起，这些家具立足于当地的地方传统和自然资源，在家具材质和造型上都大胆创新。这是在符合当地生活需求的前提下出现的新变化，故而带有浓厚的生活气息，同时也反映了当时大众的审美需求以及时代风貌。比如浙江的嵌骨家具、云南的大理石家具、山东的嵌银丝家具、湖北的古藤树根家具，还有竹木家具等，都是"因地制宜"的家具，具有成本低、规模小、品种花样丰富的特点。在装饰上，民国家具多以民间喜闻乐见的传统图案为主，尤其是仿生图案，形象生动，充分展示了人民大众的审美和艺术水平。也正是由于地方家具独特的地域性和民族性，各地的家具才不断发展，其中不少精品成为外销产品，打开了地方家具走出国门的局面，也为新中国家具工艺的繁荣奠定了基础。

民国家具虽然在动荡中产生，但是在工匠的努力下，很快解决了传统家具与外来家具之间的矛盾和冲突，在有效继承传统工艺的同时，不断吸收外来文化元素，走上了洋为中用的发展道路，在工艺美术、装饰艺术上实现了融合发展。

民国家具·酸枝木·most大型名前三座式写字台

酸枝木嵌大理石面
三搭式写字台

酸 枝 木 嵌 大 理 石 面 三 搭 式 写 字 台

清 末 至 民 国

长 1 8 9 c m

宽 7 7 c m

此写字台为酸枝木制，由两个长几和一个台面组成，均取四面平式。台面嵌三块大理石为

高 8 6 c m

布，两长几正面各装三个抽屉，台面平装四个抽屉，抽屉脸中心起鼓，安装铜制拉手，均安有锁。此种造型的

北 京 艺 术 博 物 馆 藏

家具在清末至民国时期较为流行，虽然艺术水平不高，但也反映了清末至民国时期的设计特点，具有比较重要

的历史价值。

民
国
家
具

酸
枝
木
嵌
石
面
琴
几

酸枝木
嵌石面扶手椅

酸 枝 木 嵌 石 面 扶 手 椅

清 末 至 民 国

长 6 2 c m

宽 4 8 c m

高 9 3 c m

此扶手椅为酸枝木制，造型属于清代后期至民国时期出现的品种。靠背以拐子纹和如意纹

北 京 艺 术 博 物 馆 藏

组成；搭脑亦做出如意云头的造型，中心圆形开光，内嵌带花纹的石片；座面嵌同类型石板，冰盘沿，其下束

要；牙条开光透雕葡萄纹；直腿，施管脚枨，内翻回纹马蹄足。

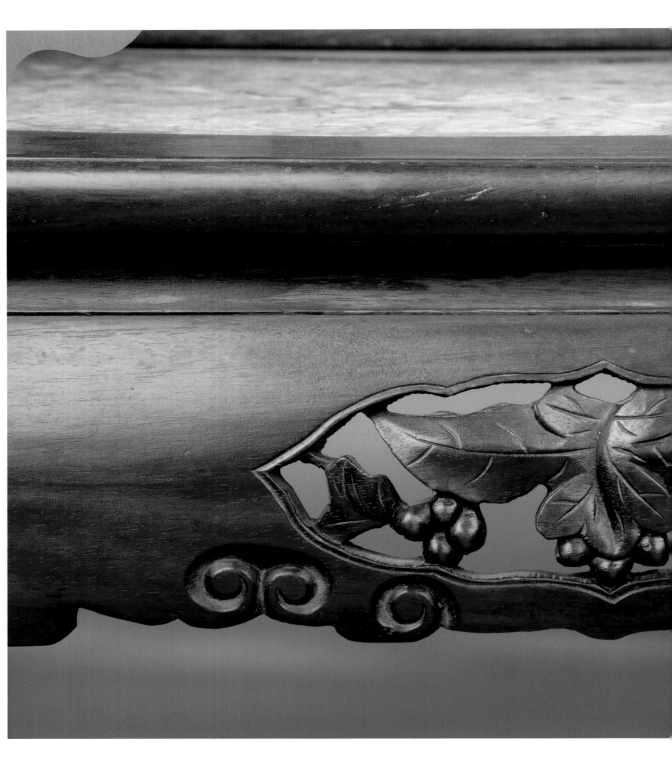

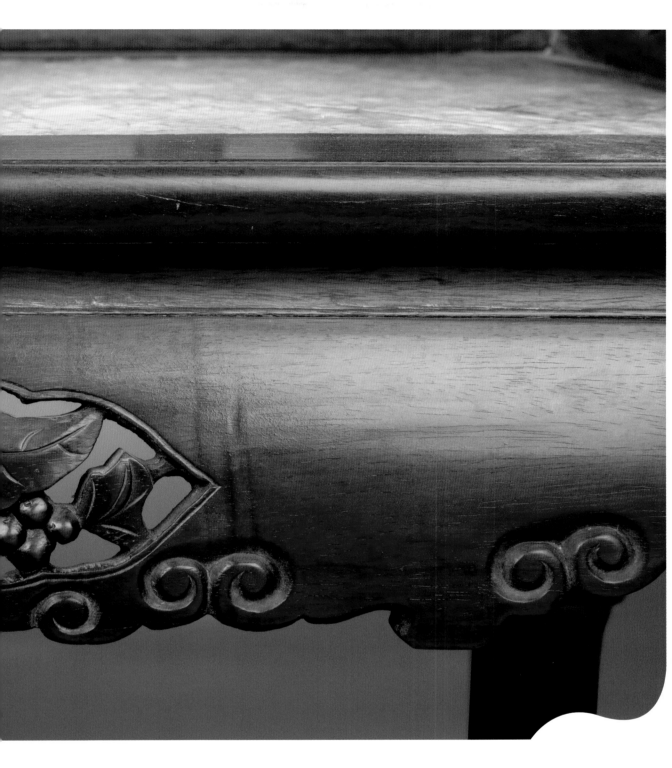

　　此椅是在酸枝木中镶嵌大理石，这种手法早在明代之前就已经出现，但数量不多。嘉靖
年间查抄严嵩时，从他家里搜出过雕嵌大理石的床。到了清代，家具上镶嵌大理石十分流行，大到屏风、床榻，
小到椅子、几等，各个种类的家具上都可以镶嵌。所嵌的石面除了素面体现石质纹理之美外，还经常雕文绘彩，
成为当时家具装饰手法中的一大类。这种镶嵌艺术在清代晚期衰落，生产区一度仅有云南等几个少数民族地区。
但进入民国后，由于仿明式、仿清式家具的生产发展，以及家具出口的需求扩大，嵌大理石的家具又逐渐多起
来。使用镶嵌技术的家具，木质多为紫檀、酸枝、花梨等硬木，木质本身的紫、红、黄等颜色，以及优美的天
然纹理，配合美石的黑、白颜色和如山水画般的纹理，木之美与石之美相互衬托，使家具格调更为高雅，增添
了更多自然的沉淀与韵味。

新来江水煮茶新

貴盡吳山作畫屏

板橋鄭燮

紫漆嵌螺钿
郑板桥字对联挂屏
（一对）

紫 漆 嵌 螺 钿 郑 板 桥 字 对 联 挂 屏 （一 对）

民 国

长 2 5 c m

厚 1 . 6 c m

高 1 4 9 c m

北 京 艺 术 博 物 馆 藏

挂屏上刻对联为"汲来江水烹新茗，买尽吴山作画屏"，是郑板桥在镇江焦山别峰自然庵

求学时所作，题于焦山自然庵吸江楼。

花梨木
雕花卉人物纹书柜
（一对）

花 梨 木 雕 花 卉 人 物 纹 书 柜 （一 对）

民 国

长 8 7 . 5 c m

宽 3 7 . 5 c m

高 1 8 1 c m

北 京 艺 术 博 物 馆 藏

此书柜成对，为花梨木制，上部分两层，装玻璃门。中间置双抽屉，下部为柜格。抽屉面、

门和牙子都浮雕松、石、灵芝、鹿以及人物等图案。

云落佳木——北京艺术博物馆馆藏传统家具

民国家具·酸枝木·嵌螺钿柜

酸枝木嵌螺钿柜

酸 枝 木 嵌 螺 钿 柜

清 末 至 民 国

长 8 5 . 5 c m

宽 3 7 c m

高 1 9 6 c m

此柜为酸枝木制，通体嵌螺钿花卉纹及杂宝纹，由柜身和矮几两部分组成。柜身顶部缩进，

北 京 艺 术 博 物 馆 藏

安装左右移动的玻璃推拉门。柜身中部分上下两节，各装柜门一对。柜身下部缩进，设抽屉两具。底部矮几有

束腰，腿足作三弯腿造型。

云落佳木——北京艺术博物馆馆藏传统家具

酸枝木嵌螺钿
花卉纹方茶几

酸 枝 木 嵌 螺 钿 花 卉 纹 方 茶 几

清 末 至 民 国

长 4 1 c m

宽 4 1 c m

高 7 9 . 5 c m

此茶几为酸枝木制。几面为正方形，正中镶白色大理石，四边嵌花卉纹形状的螺钿。茶几

北 京 艺 术 博 物 馆 藏

四面方正平直，棕角榫结构。牙条中部开光，透雕梅花纹。腿间装四面平横枨，当中镶屉板。直腿，回纹马蹄

足。该造型反映了晚清至民国时期的风格特点，存世量多。

花梨木
嵌大理石琴案

花 梨 木 嵌 大 理 石 琴 案

民 国

此琴案为花梨木制，案面两侧开孔，形成音箱。案面下装透雕绳纹盘长结牙条，两侧的牙

长 1 6 1 c m

具透雕灵芝纹与腿足相接；四条腿足做成四节方瓶式，并嵌有大理石，管脚枨以上和腿足形成的长方形空间安

宽 4 4 . 5 c m

装圈口。该造型纹饰风格属于清代后期至民国时期。

高 8 5 c m

琴案与琴桌类似，均为放置琴的家具。宋人赵希鹄的《洞天清录集》中有详细的记载：

北 京 艺 术 博 物 馆 藏

琴桌须作维摩样，庶案脚不碍人膝。连面高二尺八寸，可入膝于案下，而身向前。宜石面为第一，次用坚木

厚者为面，再三加灰，漆亦令厚，四脚令壮……"

云落佳木——北京艺术博物馆馆藏传统家具

后　记

北京艺术博物馆隶属北京市文物局，是一座综合类博物馆。收藏竹木牙角、家具、瓷器、书画等门类文物共计十万余件。馆址设在建于明代万历五年（1577年）的万寿寺皇家古代建筑群内，为国家重点文物保护单位。

2018年至2022年，北京艺术博物馆在市政府和市文物局的支持下，对博物馆内的古代建筑群进行大修并对其功能进行调整。在闭馆的五年之中，王丹馆长一直为再次开馆时能向观众提供更好的展览和服务准备、筹划着，为此全馆上下进行了几轮展览选题的筛选。在王馆长和专家的认可下，我选的"云落佳木——北京艺术博物馆藏传统家具展"有幸作为此次开馆的重点展览之一，并为此出版本书，以便于观众了解中国传统家具中蕴含的智慧与魅力。

为了取得更好的效果，在展览大纲撰写阶段，北京艺术博物馆多次召开专家论证会，在此感谢故宫博物院的黄剑、中国国家博物馆的王月前、恭王府的鲁宁三位专家。本书中文物的照片，部分使用了第一次文物普查时的照片以及以前展览时所拍摄的照片，在此感谢部室同人和摄影老师杨京京。此外要特别感谢业务部的胡桂梅老师，从展览大纲到展览图录，从文物挑选到展品拍照，以及其间无数次的磨合、修改，都是在胡老师的指导下才得以顺利完成的。最后特别感谢王丹馆长以及北京燕山出版社夏艳社长，让本书顺利出版。

图书在版编目（CIP）数据

云落佳木：北京艺术博物馆馆藏传统家具 / 王田著 . – 北京：北京燕山出版社，2022.5
ISBN 978-7-5402-6507-6
Ⅰ . ① 云… Ⅱ . ① 王… Ⅲ . ① 家具 – 中国 – 图集 Ⅳ . ① TS666.2-64

中国版本图书馆 CIP 数据核字 (2022) 第 072128 号

云落佳木
北京艺术博物馆馆藏传统家具

作　　者

王田
　　手　　绘

王丹
　　责任编辑

战文婧
　　书籍设计

XXL Studio 张宇
　　出版发行

北京燕山出版社有限公司
　　社　　址

北京市丰台区东铁匠营苇子坑 138 号
　　邮　　编

100079
　　电　　话

010-65240430（总编室）
　　印　　刷

北京雅昌艺术印刷有限公司
　　开　　本

787 mm × 1092mm 1/16
　　字　　数

130 千字
　　印　　张

12.25
　　版　　次

2022 年 5 月第 1 版
　　印　　次

2022 年 5 月第 1 次印刷
　　Ｉ Ｓ Ｂ Ｎ

978-7-5402-6507-6
　　定　　价

580.00 元